Katrin Voigt

JEDER HUND KANN ...
die Basics lernen

Grunderziehung leicht gemacht

Ulmer

INHALT

Ursache 1: FEHLER BEIM TRAININGS-AUFBAU

Ursache 2: DIE SOGENANNTE PUBERTÄT

Ursache 3: STRESS IM TRAININGSAUFBAU

Ursache 4: ERKRANKUNGEN

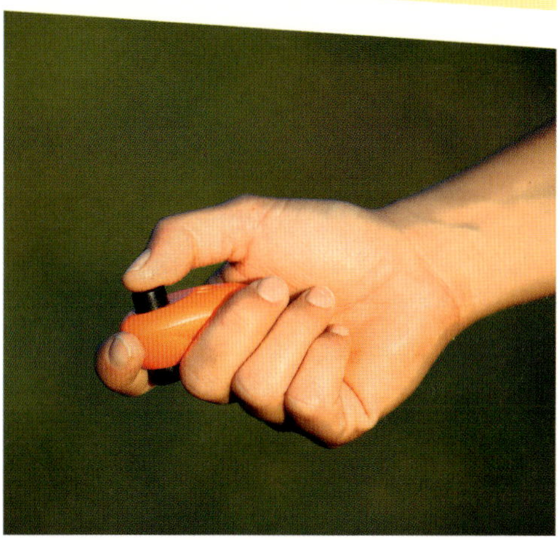

SPEZIAL: Clickertraining

SERVICE

ZU DIESEM RATGEBER

Welcher Hundehalter wünscht sich das nicht: Der Vierbeiner benimmt sich überall wie ein kleiner Streber. Sie möchten das auch? Verständlich!

Leider sieht die Realität oft ganz anders aus ... Bei Ihnen auch? Warum ist das so? Diese Frage ist nicht ganz einfach zu beantworten. Es gibt zahlreiche Ursachen, warum Hunde nicht gehorchen lernen. Hier einige Beispiele:

- Manche Hunde haben nie gelernt, die Signale sicher auszuführen.
- Andere Vierbeiner sind einfach gestresst, wenn Grundgehorsam von ihnen abgefragt wird.
- Wieder andere haben gesundheitliche Probleme. Ihnen bereitet beispielsweise das Hinlegen Schmerzen.

Die wichtigsten Ursachen für Probleme beim Grundgehorsam sind in diesem Ratgeber zusammengefasst. Sie finden hierin Ideen und anschauliche Übungen für das Training, damit auch Ihr Hund problemlos gehorchen lernt.

TIPP

Nützliche Tipps und Zusatzinformationen finden Sie in den farbig unterlegten Kästen.

Bevor wir aber mit den Problemchen starten, gibt es ab Seite 6 eine kurze Anleitung, wie Sie die wichtigsten Signale sinnvoll aufbauen können. Sie werden merken, dass ich in diesem Büchlein eher von Signalen als von Kommandos spreche. Für mich hat das Wort Kommando einen befehlsartigen Unterton. Und so soll Training meiner Meinung nach nicht sein. Daher verwende ich lieber das neutrale Wort Signal.

Einige nützliche Adressen, die Ihnen sicherlich weiterhelfen können, sind im Serviceteil genannt. Bei schwerwiegenden Problemen kann dieses Büchlein den Gang in eine Hundeschule aber nicht ersetzen.

Gerne können Sie dieses Buch vom Anfang bis zum Ende durchlesen. Für die eher praktisch Veranlagten, die sofort mit dem Üben loslegen möchten, bieten wir mit der Checkliste ab Seite 16 die Möglichkeit, direkt mit dem Training zu starten. Also einfach ausfüllen, in die Auswertung schauen und auf die genannte Seitenzahl blättern. Schon können Sie loslegen.

Auch kleine Vierbeiner sollten einige Grundkommandos beherrschen.

AUFBAU DER WICHTIGSTEN SIGNALE

Bevor wir an den möglicherweise auftretenden Problemen arbeiten, möchte ich kurz zusammenfassen, wie leicht man dem Vierbeiner die wichtigsten Grundbegriffe beibringen kann.

Allgemeines zum Training

Um mit Ihrem Hund sinnvoll arbeiten zu können, braucht es eine gewisse Motivation. Immerhin müssen wir dem Vierbeiner irgendwie verständlich machen, was wir von ihm wollen. Belohnungsvarianten in Form von Spiel oder Leckerchen haben sich dafür bewährt.

Stellen Sie für Ihren Hund eine Rangliste auf: Welche Belohnungen mag er am liebsten? Welche sind so naja. Dies kann von Situation zu Situation durchaus verschieden sein. Eine Übung, bei der viel Tempo erwünscht ist, wie der Rückruf, kann ruhig mit einem Spiel belohnt werden. Wenn der Hund es denn mag! Auch Futterbelohnungen können Sie auf verschiedene Art und Weise verwenden: das Leckerchen aus der Hand, das Bröckchen zum Erschnüffeln auf dem Boden, das Häppchen, das noch wegkullert. Sie sehen, es gilt kreativ zu sein! Dann macht Ihrem Hund auch der schnöde Grundgehorsam Spaß.

Auf die Motivation kommt es an: verschiedene Belohnungsmöglichkeiten.

AHA!

Vorsicht! Achten Sie darauf, dass Sie nicht bereits vor Ihrem Markersignal die Hand in der Leckerchentasche haben. Sonst wird „Hand im Futterbeutel" zum Markersignal!

Ein Markersignal – wie hier der Clicker – hilft uns beim richtigen Timing.

INFO

Weitere Infos zum Thema Clickertraining finden Sie im Spezialteil dieses Ratgebers!

Arbeit mit dem Markersignal

Wieso brauchen wir ein Markersignal? Dafür benötigen wir einen kurzen Ausflug in die Lerntheorie. Haben Sie eine Ahnung, wie lange Sie Zeit haben zwischen einem Verhalten, das Ihr Hund zeigt, und Ihrer Belohnung? Es ist ungefähr eine Sekunde! Bis wir unser Leckerchen aus der Tasche gefingert haben, sind wir viel zu spät. Was wir aber innerhalb der Sekunde schaffen, ist unser Lobwort zu sagen oder eben zu clicken.

Als erstes muss Ihr Hund verstehen, was der Click oder das Lobwort bedeutet. Deshalb machen Sie einige Male lang nichts anderes als „Click", dann folgt das Häppchen. Schaut Ihr Vierbeiner Sie erwartungsvoll an, wenn Sie Ihr Markersignal gegeben haben, dann können wir beruhigt mit dem Training anfangen.

Erst, wenn der Hund weiß, was er tun soll, können wir sein Verhalten auf ein Signal setzen.

„Sitz“, „Platz“

1 Nehmen Sie ein Häppchen in die Hand und führen Sie es über die Hundenase ein Stückchen nach oben. Der Zeigefinger kann ruhig schon erhoben sein, dann haben wir gleich ein schönes Handzeichen. Warten Sie, bis der Popo des Hundes auf dem Boden ist. Sobald er sitzt, kommt Ihr Markersignal und Sie geben Ihr Leckerchen frei.

Wichtig: Wir sagen noch kein Hörzeichen! Der Hund muss erst die Handlung, die er ausführen soll, sicher kennen.

2 Nach einigen Wiederholungen weiß Ihr Hund sicherlich schon, um was es geht. Nun versuchen Sie die gleiche Übung ohne ein Bröckchen in der Hand. Sie können aber gerne noch „antäuschen“ und so tun, als würden Sie etwas Leckeres aus der Tasche holen. Reagiert Ihr Vierbeiner auf das Handzeichen, kommt wieder das Markersignal und eine Superbelohnung. Die erste Hürde ist bereits geschafft. Wiederholen Sie auf diese Weise einige Male das Sitzen, ruhig an verschiedenen Orten und auf verschiedenen Untergründen, bis es richtig flutscht.

INFO

Hunde kommunizieren eher über Körpersprache, daher fällt es ihnen leichter, ein Handzeichen zu verknüpfen als unsere Worte!

1 *Locken Sie Ihren Vierbeiner einige Male mit dem Leckerchen, aber ohne ein Wortsignal in die Position.*

2 *Nach einigen Wiederholungen machen Sie die gleiche Bewegung ohne Häppchen in der Hand.*

3 Erst jetzt führen wir das Wortsignal ein! Wir formen also erst das Verhalten des Hundes, bis es perfekt ist und dann bekommt das Kind einen Namen. Und wie bekommen wir eine sichere Verknüpfung? Sagen Sie erst das Hörzeichen, beispielsweise „Sitz“, dann erst kommt Ihr Handzeichen, der erhobene Zeigefinger. Sobald der Hund sich setzt, folgen wie immer Markersignal und Belohnung. Haben Sie dieses Spiel einige Male durchgeführt, sagen Sie mal Ihr „Sitz“ und warten Sie die Reaktion des Vierbeiners ab, ohne dass Sie Ihr Handzeichen geben. Er sitzt? Bravo! So einfach kann Hundetraining sein!

4 Das Hinlegen üben wir auf die gleiche Weise. Im ersten Schritt locken wir mit Häppchen in der Hand. Das Futter geht mit Ihrer flachen Hand an der Hundebrust entlang Richtung Boden. Warten Sie ab, bis der Hund sich legt, auch wenn es einen Moment dauert! Klappt es? Dann kommen wieder Ihr Markersignal und die Belohnung.

Die weiteren Schritte können Sie aus dem Training für „Sitz“ übernehmen. Erst wird das Futter in der Hand abgebaut. Und wenn der Hund alleine auf das Handzeichen reagiert, dann können Sie das Wortsignal einführen.

3 *Führen Sie jetzt das Wortsignal ein.*

4 *Für das „Platz“ führen Sie ein Leckerchen mit der flachen Hand Richtung Boden.*

Warten

1 Ihr Hund sollte ziemlich schnell lernen, dass er so lange sitzen oder liegen bleiben soll, bis Ihr Auflösesignal kommt. Dies kann beispielsweise ein „Lauf", „Frei" oder „Okay" sein. Nehmen Sie ein paar Bröckchen in die Hand, setzen Sie Ihren Vierbeiner hin und belohnen Sie ihn wie gewohnt für das Hinsetzen. Jetzt müssen Sie schnell sein. Bevor er aufstehen kann, legen Sie einfach ein Leckerchen nach dem anderen nach, bis Sie Ihr Auflösesignal sagen. Was lernt Ihr Hund? Zum einen lernt er so, dass es sich lohnt, sitzen zu bleiben. Zum anderen merkt er, dass sich das Sitzenbleiben nicht mehr lohnt, sobald das Auflösesignal kommt. Denn danach gibt es einfach nichts mehr.

2 Bevor wir beginnen können, Distanz zum Hund aufzubauen, muss Ihr Vierbeiner lernen, dass Sie sich in seiner Nähe bewegen. Setzen Sie also Ihren Hund wieder hin und beginnen Sie, sich auf der Stelle zu bewegen. Schafft es Ihr Liebling, sitzen zu bleiben, geben Sie ihm immer wieder ein Leckerchen.

AHA!

Rufen Sie Ihren Hund nie aus einer „Bleib"-Übung ab, sondern gehen Sie immer zurück und lösen Sie das Liegen auf. Ansonsten passieren schnell Fehler in der Ablage, da Ihr Vierbeiner den Rückruf erwartet.

1 *Verlängern Sie das Verweilen, indem Sie ihm drei bis vier Leckerchen kurz nacheinander geben.*

2 *Bewegen Sie sich vor Ihrem Hund hin und her und belohnen Sie ihn fürs Verharren.*

3 Hat bisher alles reibungslos geklappt? Dann probieren Sie einmal, ob Sie sich auch schon einen Schritt von Ihrem Hund wegbewegen können. Seien Sie darauf gefasst, schnell wieder bei ihm zu sein, am besten, bevor er aufspringt. Gehen Sie gleich wieder einen Schritt nach vorne, warten Sie ein bis zwei Sekunden und belohnen Sie ihn. Lösen Sie nicht jedes Mal die „Bleib"-Position auf, sondern entfernen Sie sich gleich wieder ein bis zwei Schritte.

4 Hat auch das geklappt, können Sie langsam die Entfernung steigern. Aber Vorsicht! Bitte immer nur im Durchschnitt. Soll heißen, dass Sie sich erst einen Schritt, dann zwei, dann wieder einen, dann mal drei usw. entfernen. Zwischendurch gehen Sie immer wieder zu Ihrem Vierbeiner zurück und belohnen ihn. Klappt auch das, bleiben Sie auch einmal kurz auf Distanz stehen, bevor Sie zurückgehen und die Belohnung abliefern. Auf diese Weise steigern Sie automatisch auch die Zeitdauer, die Ihr Hund verweilen muss.

3 *Gehen Sie ein bis zwei Schritte von ihm weg und belohnen Sie ihn nach der Rückkehr.*

4 *Verlängern Sie Dauer und Entfernung zum Vierbeiner nur im Durchschnitt.*

Rückruf

1 Steht Ihr Hund sofort vor oder neben Ihnen, sobald Sie seine Futterschüssel hochheben? Tja, so leicht könnte Ihr Rückruf funktionieren. Wie das geht? Kündigen Sie in Zukunft jede Mahlzeit durch einen Pfiff oder das Rückrufwort an. Das geht natürlich nur bei einem verfressenen Hund. Ihr Vierbeiner spielt gerne? Dann werfen Sie das Bällchen in Zukunft nur dann, wenn Sie vorher gepfiffen haben! Und schon haben wir die erste Verknüpfung geschaffen.

2 Sicherlich kommt Ihr Hund auf dem Spaziergang zwischendurch schon mal bei Ihnen vorbei. Perfekt! Sobald er sich zu Ihnen in Bewegung setzt, kommt nun das Rückrufsignal. Sie haben richtig gehört: Zu Beginn pfeifen wir, wenn er kommt und nicht, damit er kommt! Damit wir noch ein bisschen Tempo in die Übung bekommen, rennen Sie ruhig von ihm weg. So können wir gleich an der Beschleunigung des Rückrufs arbeiten. Außerdem macht Fangen spielen doch Spaß!

1 *Kündigen Sie mit dem Rückrufsignal jede Mahlzeit oder jedes Spiel an.*

2 *Sobald Ihr Vierbeiner auf Sie zukommt, erfolgt das Rückrufsignal.*

3 Eine weitere Möglichkeit, den Rückruf zu beschleunigen, sieht so aus: Werfen Sie das Leckerchen oder den Ball in Laufrichtung. So saust Ihr Vierbeiner zwar erst einmal an Ihnen vorbei, aber er wird schnell Spaß an dem Spiel finden. Hat er die Belohnung genommen und schaut Sie erwartungsvoll an? Dann kommt wieder das Rückrufsignal und die Belohnung fliegt wieder in die andere Richtung. Verwenden Sie ruhig große Häppchen, sodass Ihr Hund nicht lange suchen muss. Umso schneller kann es weitergehen.

4 Der Rückruf ist eine der schwierigsten Übungen im Hundetraining. Daher ist es wichtig, immer kreativ mit der Belohnung zu sein. Natürlich müssen Sie nicht immer das Drei-Gänge-Menü auspacken, aber hin und wieder mal etwas besonders Leckeres steigert die Motivation enorm. Auch besonders schwierige Situationen würde ich durchaus honorieren und etwas großzügiger bei der Belohnung sein. Ihr Hund wird es Ihnen danken!

3 *Die Belohnung können Sie gerne auch mal an sich vorbeiwerfen.*

4 *Bleiben Sie beim Rückruf auch langfristig immer kreativ mit der Belohnung!*

Manchmal klappt es trotzdem nicht

Viele Ursachen können verantwortlich dafür sein, dass Ihr Hund Ihre Signale nicht befolgt. Damit Sie gleich mit dem Training starten können, sollten Sie wissen, warum es bei Ihrem Hund zu Problemen kommt.

Die aus meiner Sicht vier wichtigsten Ursachen für Probleme beim Grundgehorsam habe ich in diesem Ratgeber zusammengefasst:

- Sie haben beim Trainingsaufbau schlicht und ergreifend Fehler gemacht.
- Ihr Hund ist gerade in der Pubertät.
- Ihr Hund hat Stress im Training.
- Ihr Vierbeiner hat eine Erkrankung, die ein schnelles und zuverlässiges Befolgen des Grundgehorsams verhindert.

Die folgende Checkliste soll Ihnen helfen herauszufinden, um welches Problem es sich bei Ihrem Vierbeiner handelt und welche Übungen für Sie und ihn sinnvoll sind.
Natürlich können die unten aufgeführten Stichpunkte nur die häufigsten Probleme benennen. Vielleicht zeigt Ihr Hund Verhaltensweisen, die Sie hier nicht finden. Zögern Sie in diesem Fall nicht, sondern wenden Sie sich an einen Profi.
Manche Verhaltensweisen könnten dagegen zu zwei oder mehr Ursachenkomplexen passen: Hundeverhalten ist nicht immer eindeutig. Ein Beispiel

Bereits beim Züchter kann viel Vorarbeit geleistet werden.

aus der Praxis: Ihr Hund hat Stress im Training, weil er Schmerzen hat. Vielleicht hatte er im letzten Jahr eine Operation am Bewegungsapparat. Eigentlich ist alles wieder gut, aber auch Hunde haben ein Schmerzgedächtnis! Beide Verhaltensweisen – Stress und Erkrankungen – habe ich zunächst einmal verschiedenen Themengebieten zugewiesen. Arbeiten Sie am besten erst einmal das Kapitel zu dem Thema durch, zu dem Sie die meisten positiven Antworten haben. Reichen die beschriebenen Übungen nicht aus, lesen Sie auch das Kapitel zu dem anderen Themenbereich.

Bedenken Sie in jedem Fall: Hundetraining macht Spaß – auch dann, wenn der Anlass nicht immer erfreulich ist. Das Ergebnis sollte Ihnen auf jeden Fall die Mühe wert sein!

CHECKLISTE

Die Antworten auf die Fragen in der Checkliste lassen Rückschlüsse darauf zu, warum Ihr Hund die wichtigsten Signale nicht befolgt. So hilft die Checkliste Ihnen dabei, das richtige Training zu ermitteln.

So geht es: Beantworten Sie bitte die folgenden Fragen und notieren Sie sich bei jeder Frage, die Sie positiv beantworten, den angegebenen Buchstaben. Zählen Sie dann zusammen, wie oft Sie a, b, c und d aufgeschrieben haben. Die Auswertung finden Sie auf Seite 18.

1 *Auf dem Hundeplatz klappt das Training super, zu Hause geht auch alles gut, aber auf dem Spaziergang klappt es gar nicht?*
Ja: a

2 *Ihr Hund ist älter als sechs Jahre und trödelt zunehmend auf dem Spaziergang?*
Ja: d

3 *Ihr Vierbeiner bellt häufig auf dem Hundeplatz, wirkt unkonzentriert, vielleicht kratzt er sich auch ständig oder schnüffelt am Boden?*
Ja: c

4 *Als Welpe war Ihr Hund ein kleiner Streber und jetzt, ein paar Wochen später, klappt gar nichts mehr?*
Ja: b

5 *Wenn Sie Ihren Vierbeiner nach einer Freilaufphase anleinen möchten, weicht er aus, sodass Sie ihn nicht greifen können?*
Ja: c

6 *Ihr Vierbeiner setzt und legt sich immer langsamer hin, obwohl Sie vielleicht sogar eine leckere Belohnung für ihn haben?*
Ja: d

7 *Ihr Hund ist zwischen sechs und 30 Monaten alt und zeigt plötzlich Angst- und Aggressionsverhalten?*
Ja: b

8 *Sie müssen Ihre Signale immer zwei bis drei Mal wiederholen, bis Ihr Vierbeiner reagiert?*
Ja: a

9 *Ihr Hund markiert häufig auf dem Hundeplatz, gähnt oder zeigt auch mal eine Peniserektion?*
Ja: c

10 *Auf manchen Untergründen möchte Ihr Vierbeiner nicht „Sitz“ und „Platz“ machen?*
Ja: a

11 *Ihr Hund ist zwischen sechs und 30 Monaten alt, fährt bei jeder Kleinigkeit extrem mit der Erregungslage hoch und kann sich nicht mehr beruhigen?*
Ja: b

12 *Manchmal wirkt Ihr Hundesenior abwesend und befolgt Signale nicht mehr, von denen Sie sicher sind, dass er Sie kennt?*
Ja: d

13 *Plötzlich kann Ihr junger Vierbeiner in der Hundeschule keine Leckerchen mehr nehmen und zeigt auch häufig Aufreiten bei anderen Kumpels?*
Ja: b

14 *Ihr Hund läuft voraus. Sobald Sie einen anderen Weg einschlagen, reagiert er nicht mehr auf Ihren Rückruf?*
Ja: d

15 *Obwohl Sie schon ganz häufig „Sitz“ oder „Platz“ geübt haben, hat Ihr Vierbeiner immer noch nicht verstanden, was er tun soll?*
Ja: a

16 *Wenn Sie mit Ihrem Hund die Stadt oder andere belebte Orte aufsuchen, nimmt er keine Häppchen mehr?*
Ja: c

AUSWERTUNG

Haben Sie zusammengezählt, wie oft Sie die einzelnen Buchstaben für jede positive Antwort notiert haben? Der Buchstabe, den Sie am häufigsten vermerkt haben, gibt Aufschluss darüber, warum Ihr Hund seine Grundkommandos nicht befolgt.
Lesen Sie im angegeben Kapitel nach, was Sie und Ihr Vierbeiner tun können, damit Ihnen das tägliche Training wieder Freude bereitet.

Die meisten Zustimmungen bei a

Offensichtlich sind Ihnen Fehler im Trainingsaufbau passiert. Übungen finden Sie ab Seite 20.

Die meisten Zustimmungen bei b

Sie haben einen Hund, der gerade mitten in den Flegeljahren steckt. Möchten Sie mehr über dieses Thema erfahren, lesen Sie weiter ab Seite 30.

Die meisten Zustimmungen bei c:

Ihr Hund gerät im Training unter Stress. Welche Übungen Ihnen und Ihrem Vierbeiner helfen können, erfahren Sie ab Seite 40.

Die meisten Zustimmungen bei d

Ihr Hund wird älter oder leidet möglicherweise an einer Schmerzproblematik. Wie Sie Ihren Vierbeiner unterstützen können, lernen Sie ab Seite 50.

TIPP

Wenn Sie das Gefühl haben, dass die beschriebenen Übungen im angegeben Kapitel nicht ausreichen, dann lesen Sie auch das Kapitel zu dem Themenbereich mit den zweithäufigsten Zustimmungen.

Viel Erfolg und viel Spaß beim Üben!

Auch einem Spielzeug hinterher jagen zu dürfen, kann eine tolle Belohnung sein.

Ursache 1:

FEHLER BEIM TRAININGSAUFBAU

Trotz aller Sorgfalt reagiert Ihr Hund nicht auf Ihre Signale. Woran das liegen kann und wie Sie das ändern können, lernen Sie in diesem Kapitel.

Lernen über Körpersprache

Sie denken, Sie haben alles richtig gemacht und trotzdem flutscht es nicht immer? Dann schauen wir mal, woran das liegen könnte.

Eines haben wir bereits im ersten Kapitel kurz angedeutet: Hunde arbeiten mehr über die Körpersprache. Machen Sie einen Test: Stellen Sie sich mit dem Gesicht zur Wand, möglichst regungslos. Ihr Hund befindet sich hinter Ihnen. Nun geben Sie Ihr „Sitz"- oder „Platz"-Signal. Er reagiert nicht? Das war zu erwarten!

Häufig denken wir, wir hätten ein Signal sicher aufgebaut, dabei stimmt das gar nicht. Lassen Sie sich ruhig einmal filmen oder von einer neutralen Person beobachten. Bestimmt machen Sie irgendeine Geste, auf die Ihr Hund reagiert und die Ihnen gar nicht mehr auffällt. Vielleicht halten Sie den Kopf schief oder die Hand auf eine bestimmte Art und Weise. Denken Sie nicht, dass Ihr Vierbeiner ausschließlich die Handzeichen verknüpft hat. Meist ist es die gesamte Körperhaltung, auf die er sich bezieht. Und nun fragen Sie sich, wie Sie ein sicheres Hörzeichen hinbekommen? Sieht doch alles schwieriger aus als gedacht? Stimmt. Als Fachbegriff findet man in der Literatur den Begriff „Überschattung". Er beschreibt, dass zwei oder mehr Reize auf den Vierbeiner einwirken. Dieser filtert immer das für ihn biologisch logischste Signal heraus, nämlich das Sichtzeichen.

Nun fragen Sie sich bestimmt: Warum arbeite ich dann nicht gleich nur mit Sichtzeichen? Ganz einfach: Was machen Sie, wenn Ihr Hund voraus läuft und sich nicht zu Ihnen umschaut? Dann können Sie noch so viel wedeln und Sichtzeichen geben. Es wird nicht helfen!

Seien Sie daher sehr sorgsam im Training und achten Sie ganz genau auf Ihre Körpersprache. Zuerst kommt das Wort, dann erst alles andere! Eine genaue Anleitung finden Sie auf den ersten Seiten dieses Ratgebers. Noch mal nachschlagen lohnt sich!

INFO

Hunde reagieren extrem auf unsere Körpersprache! Seien Sie sich daher bewusst, welche Signale Sie gerade wirklich benutzen!

Ist Ihr Hund zu stark abgelenkt, ist ein Training nicht möglich.

Geeignete Hörzeichen

Haben Sie sich schon einmal Gedanken gemacht, wie ähnlich sich für einen Hund die Worte „Sitz“ und „Platz“ anhören? Immerhin ist er kein Muttersprachler. Von daher stellt sich die Frage, ob diese Signalwahl sehr geschickt ist. Geeigneter wäre es, statt „Platz“ vielleicht lieber „Leg dich“ oder „Down“ zu trainieren. Achten Sie bei der Signalauswahl darauf, dass es sich um Wörter handelt, die nicht so häufig in Ihrem Alltag vorkommen. Ansonsten haben wir das nächste Problem. Überlegen Sie doch mal, wie häufig Sie im Alltag „Nein“ sagen. Ganz schön oft, oder? Und trotzdem soll der Hund dieses Wort als Abbruchsignal verstehen, wenn er Blödsinn gemacht hat? Ich bin ehrlich erstaunt, wie gut unsere Vierbeiner das häufig trotzdem hinbekommen.

Verknüpfungen mit dem Umfeld

Man hört es immer wieder: Hunde lernen extrem kontextspezifisch. Aber was heißt das überhaupt? Gemeint ist, dass Ihr Vierbeiner die gesamte Situation verknüpft: die Örtlichkeit, die anderen anwesenden Zwei- und Vierbeiner, den Untergrund und was es eben sonst noch im Umfeld gibt. Und irgendwann kommen Sie und Ihr eigentlich gemeintes Signal. Es ist also erst einmal mehr oder weniger dem Zufall überlassen, welche auslösenden Signale der Hund verknüpft hat. Jetzt kommt Ihr Job. Erst durch viele Wiederholungen an wechselnden Orten, mit unterschiedlichen Untergründen kann Ihr Hund regelrecht filtern, welche auslösenden Signale immer gleich bleiben.

Hierzu ein Beispiel aus der Praxis:

Ein Jack Russell Terrier, der zu mir ins Einzeltraining kam, hat „Sitz“ nur auf Teppichboden ausführen können. Das sah praktisch so aus: Die Besitzerin gab das Signal für hinsetzen. Hatte der Terrier aber nur Fliesen unter seinen Füßen, robbte er sich so weit zurück, bis er sich auf einen Teppich setzen konnte. Auf Nachfragen stellte sich heraus, dass die Besitzerin das Hinsetzen nur im häuslichen Bereich geübt hat. Woanders konnte der Hund das dann natürlich auch nicht ausführen.

Häufig werden Fehler beim Signalaufbau gemacht.

Keine Signalwiederholungen

Was machen Sie, wenn sich Ihr Hund nach dem ersten „Sitz“ nicht setzt? Sie sagen es noch einmal? Das sollten Sie lieber vermeiden! Ansonsten sind die nächsten Fehler programmiert. Fragen Sie sich lieber, warum Ihr Hund die Übung gerade nicht ausführen kann. Ist er zu abgelenkt oder üben Sie gerade in einer neuen Umgebung? Hier kommt wieder der Kontext ins Spiel. Also, Anforderungen herunterschrauben und dem vierbeinigen Kumpel ein paar Mal helfen. Und schon weiß er, was Sie von ihm wollen.

INFO

Einige Tipps und Tricks für einen fehlerfreien Trainingsaufbau gibt es gleich in der Trainingsanleitung!

Auch Hunde bevorzugen gewisse Untergründe!

... Lösung in Sicht: Eindeutige Signale

1 Beobachten Sie sich einmal! Wie ist Ihre Körperhaltung, wenn Sie Ihrem Hund sein Handzeichen für „Sitz" geben? Ich wette, Sie stehen frontal vor ihm! Und genau das hat er eben auch verknüpft. Setzen Sie sich doch einfach einmal vor Ihren Hund auf einen Stuhl und geben nun Ihr Signal. Setzt er sich nicht, dann können Sie ziemlich sicher sein, dass Ihr Vierbeiner nicht mal Ihr Sichtzeichen sicher verknüpft hat. Helfen Sie ihm mit einem Leckerchen und locken ihn in die gewünschte Position. Nehmen Sie nun bewusst verschiedene Körperhaltungen ein: auf einem Bein stehend, Hände in die Seiten, was Ihnen sonst noch alles einfällt.

2 Klappt das alles und Ihr Hund kann sich immer auf Ihr Sichtzeichen hin setzen? Gut, dann variieren wir als nächstes die Position Ihres Hundes. Versuchen Sie, ihn mal links oder rechts neben sich zu setzen. Tja, er wird sich wohl nach vorne robben wollen. Dann nehmen Sie ruhig ein paar Mal ein Leckerchen zur Hilfe. Nun können Sie Ihren Liebling auch seitlich von sich ins Sitz locken. Nach einigen Wiederholungen probieren Sie das Ganze wieder ohne Häppchen in der Hand. Klappt es, kommt Ihr Markersignal, gefolgt von einer Belohnung.

1 *Nehmen Sie bewusst verschiedene Positionen ein, wenn Sie das Handzeichen geben.*

2 *Auch Ihr Vierbeiner sollte die Position wechseln.*

3 Einen Großteil haben wir jetzt geschafft. Das Sichtzeichen ist schon einmal sicher verknüpft. Und nun kommen wir zum Hörzeichen. Geben Sie einmal Ihr Hörzeichen. Setzt sich Ihr Hund? Wenn ja, folgen Markersignal und Belohnung. Probieren Sie dann das Gleiche in einer anderen Position. Klappt es nicht, dann wiederholen Sie das Wort bitte nicht! Es ist einfach nicht eindeutig verknüpft. Helfen Sie Ihrem Hund lieber über das Handzeichen in die Position. Wiederholen Sie das Ganze einige Male: Hörzeichen – eine Sekunde warten – Sichtzeichen. Ich wette, er hat schnell verstanden, dass auch das Wort als Signal zu verstehen ist.

4 Und nun kommt die Feuerprobe. Drehen Sie sich etwas von Ihrem Vierbeiner weg, sodass er Ihre Mimik nicht lesen kann. Sagen Sie „Sitz". Er tut es? Na also, da haben wir doch, was wir wollten! Aber Vorsicht! Das gilt erst einmal nur in diesem Kontext. Wie Sie das Ganze auf andere Situationen übertragen können, lernen Sie auf den nächsten Seiten.

3 Reagiert Ihr Hund nicht auf das Hörzeichen? Dann helfen Sie mit dem Handsignal.

4 Drehen Sie sich etwas von Ihrem Vierbeiner weg und geben Sie ihm das Hörzeichen.

Übungen zur Generalisierung

1 Und nun kommen wir zum Kontext. Die erste Variable, die wir verändern, ist der Untergrund. Machen Sie nun Ihre „Sitz“- oder „Platz“-Übung auf den verschiedensten Untergründen. Beginnen wir erst einmal mit den gängigsten Varianten: Fliesen, Laminat, Teppich, Rasen. Bauen Sie aber durchaus auch mal eine Plastikplane oder einen raschelnden Untergrund mit ein. Aber Vorsicht! Zeigt Ihr Hund Stresssignale, schrauben Sie die Anforderungen zurück und helfen Sie ihm, wenn es notwendig ist!

2 Damit Ihre Übungen alltagstauglich werden, müssen Sie natürlich auch immer wieder geübt werden! Auch hier finden Sie die unterschiedlichsten Untergründe und Umgebungen. Außerdem kann es ganz schön Spaß machen, ein „Sitz“ oder vielleicht auch eine Ablage auf einem Baumstumpf zu machen. Seien Sie kreativ, Ihr Hund wird es Ihnen danken!

1 *Trainieren Sie bewusst auf verschiedenen Untergründen.*

2 *Beginnen Sie, Ihre Übungen auf dem Spaziergang einfließen zu lassen.*

3 Allerdings sollten Sie immer darauf achten, dass Sie Ihr Training dem Schwierigkeitsgrad anpassen. Merken Sie, dass Ihr Hund sehr abgelenkt oder gestresst ist, dann helfen Sie ihm. Gegebenenfalls können Sie ruhig hier und da auch noch mal ein Bröckchen in die Hand nehmen. Klappt auch das schon gut, können Sie an der Geschwindigkeit des Hinsetzens arbeiten. Setzen Sie sich ein zeitliches, aber realistisches Limit. Belohnen Sie beispielsweise „Sitz“ innerhalb von drei Sekunden mit einem besonders tollen Häppchen.

4 Sie wollten immer schon einmal mit Ihrem Hund in die Stadt gehen oder in ein Café? Warum nicht, es spricht nichts mehr dagegen! Aber: Legen Sie Ihren Vierbeiner nicht die ganze Zeit in die Ablage. Zum einen müssen Sie ihn dann ständig überwachen und können nicht mit Ihrer besten Freundin quatschen. Zum anderen ist eine lange Ablage für den Hund sehr schwierig. Denn er ist ja die ganze Zeit im Arbeitsmodus. Nehmen Sie sich lieber ein Deckchen mit, das Sie mit entspanntem Liegen verknüpft haben. Wie das geht, können Sie im Spezialteil des Bandes „Jeder Hund kann mutig werden“ erfahren.

3

4

3 *Achten Sie darauf, dass Sie Ihre Anforderungen in neuen Umgebungen wieder zurückschrauben.*

4 *Üben Sie auch in schwierigen Situationen, beispielsweise in der Stadt.*

FEHLER ...

... und wie man sie vermeidet

1 Wir lehnen gerne und ohne dass wir es selbst bemerken den Oberkörper nach vorne über den Hund. Stellen Sie sich jetzt einen kleinen Chihuahua vor. Unsere vorgebeugte Haltung ist extrem bedrohlich für den Zwerg. Also: Frontales Überbeugen vermeiden. Lieber in die Hocke gehen oder dem Vierbeiner das Bröckchen etwas seitlich anbieten.

2 Hat Ihr Tier Stress oder ist aufgeregt, sind Lernen und Denken äußerst schwierig. Achten Sie auf das Ausdrucksverhalten Ihres Hundes und gestalten Sie die Übung lieber einfacher. Es ist auch kein Beinbruch, wenn ich mein Training an dieser Stelle abbrechen muss. Ich muss nicht immer zum Abschluss einen Trainingserfolg haben. Vor allem nicht, wenn Denken gerade nicht möglich ist.

1 Achten Sie darauf, dass Sie keine für den Hund bedrohliche Körperhaltung einnehmen.

2 Hier wurde die Ablenkung zu schnell gesteigert. Unter vielen Menschen fällt es schwer, Signale auszuführen.

Was tun, wenn nichts hilft?

- ***Trotz des kleinschrittigen Trainings ist Ihr Hund immer wieder unkonzentriert und kann nicht denken?***
  Lassen Sie Ihren Vierbeiner vom Tierarzt durchchecken und durchaus auch seine Schilddrüse kontrollieren. Hunde, die immer wieder unkonzentriert und „launisch" wirken, haben nicht selten eine Unterfunktion der Schilddrüse.

- ***Zu Hause und auf dem Hundeplatz können Sie Ihren Hund gut über Leckerchen motivieren, draußen nimmt er aber einfach nichts?***
  Das ist möglich! Sollte die Erregungslage draußen zu groß sein, schlägt das häufig auf den Appetit. Dann heißt es, erst einmal das Erregungslevel draußen herunterzuschrauben, sodass Ihr Vierbeiner wieder denken kann. Sie sollten sich an einen Fachmann wenden, der Sie in der Arbeit mit Ihrem Hund genau unter die Lupe nimmt.

- ***Ihr Hund ist generell nicht über Leckerchen zu motivieren?***
  In diesem Fall gibt es zwei Möglichkeiten. Die einfachste: Sie kürzen Ihrem Liebling die Ration, die er aus dem Napf bekommt. Mit ein wenig Kohldampf sieht die Motivationslage dann ganz anders aus! Die etwas kompliziertere Variante: Suchen Sie sich Belohnungsalternativen: Spielzeug (aber Vorsicht bei Bleibübungen!), die Freigabe zum Spiel mit den Kumpels, das Flitzen über das Feld. Wichtig: Ihr Vierbeiner muss wissen, was gemeint ist, wenn Sie ihn losrennen lassen. Also auch hier: Ab in eine Hundeschule!

- ***Ihr Hund wird nach einigen Wiederholungen von „Sitz" und „Platz" immer langsamer in der Ausführung?***
  Es könnte ein Schmerzproblem vorliegen! Hunde, die sich langsam hinlegen oder hinsetzen, haben oftmals Schmerzen. Beobachten Sie Ihren Vierbeiner beim Sitzen oder Liegen. Bevorzugt er eine Popobacke? Hunde neigen dazu, sich eher auf die schmerzende Seite zu setzen. Also, ab zu einem Fachmann!

Ursache 2:

DIE SOGENANNTE PUBERTÄT

Häufig beschweren wir Hundehalter uns über unsere pubertären Hunde. Ist das wirklich alles Pubertät? Das erfahren Sie in diesem Kapitel.

Stadien der Jugendentwicklung

Immer wieder sprechen wir Hundehalter vom pubertierenden Vierbeiner. Ihr Hund hört auf einmal nicht mehr, ist in seine Welt vertieft. Jagdverhalten und eine gewisse Eigenständigkeit entwickeln sich. Auf den Spaziergängen wird man häufiger wie Luft behandelt. Kennen Sie das auch? Wieso ist das so? Und vor allem: Ist das wirklich alles Pubertät, und wie lange dauert sie eigentlich?

Die eigentliche Pubertät

Im Allgemeinen sprechen wir erst einmal von Jugendentwicklung. Diese beginnt nach dem vollständigen Zahnwechsel und endet je nach Rasse mit dem 24ten bis 30ten Lebensmonat. Aber Vorsicht! Nicht alles ist Pubertät! In der Literatur ist Pubertät klar definiert: Sie dauert vom Ende des Zahnwechsels bis zum Erreichen der Geschlechtsreife. Und diese tritt bei Hunden sehr zeitig auf. Unsere Vierbeiner sind häufig schon zwischen sechs bis zwölf Monaten geschlechtsreif.
Bei den Mädels ist es ziemlich klar ersichtlich. Mit Eintreten der ersten Läufigkeit sind sie geschlechtsreif. Bei den Jungs ist es leider nicht so eindeutig.

AHA!

Die eigentliche Pubertät findet zwischen dem Ende des Zahnwechsels und der Geschlechtsreife statt.

Häufig wird als markantestes Verhalten das Markieren genannt.
Auch kann immer wieder Aufreiten beobachtet werden. Aber Vorsicht! Nicht jedes Aufreiten ist sexuell bedingt! Es gibt viele Gründe, warum Hunde aufreiten. Unter anderem muss auch immer mal an Stressübersprung gedacht werden. Denn auch Welpen zeigen dieses Verhalten. Und hier können wir sicherlich nicht von Fortpflanzungsverhalten sprechen.

Sie sehen, es ist nicht so einfach von „der“ Pubertät zu sprechen. In den Medien werden vor allem viele Begrifflichkeiten unter einen Hut gesteckt. Oft ist von „Flegelalter“, „Reifezeit“ und eben „Pubertät“ die Rede. Das, was wir im Allgemeinen als Pubertät bezeichnen, liegt aber erst in den Folgemonaten. Diese Phase wird in der Regel „Adoleszenz“ genannt.

Nach dem Zahnwechsel beginnt die Pubertät.

Adoleszenz

Der Zeitraum zwischen Geschlechtsreife und ausgewachsenem Hund wird Adoleszenz genannt. Und genau diese Zeit ist es, die wir gerne mit pubertierendem Verhalten gleichsetzen: Die Vierbeiner werden „emotional". Angst- und Aggressionsverhalten können in dieser Zeit zum Problem werden. Unter den Jungs sehen wir die Halbstarken, die immer mehr wie Erwachsene aussehen und schon mal „herumprollen". Diese Phase wird immer gerne mit dem Hormonsystem in Verbindung gebracht. Aber ist das wirklich so?
Als erstes fallen uns natürlich die Geschlechtshormone ein. Beim weiblichen Tier sind das Östrogen und Progesteron, beim männlichen Tier das Testosteron. Diese Hormone haben einen entscheidenden Einfluss auf das Erreichen der Geschlechtsreife und auf die Ausbildung der sekundären Geschlechtsmerkmale. Wenn wir aber denken, die Geschlechtshormone sind verantwortlich für alle Verhaltensänderungen, die wir sehen, dann ist das ein Irrglaube. Man hat festgestellt, dass das Stresshormon Cortisol in der Zeit der Adoleszenz enorm ansteigt. Ein hoher Cortisolspiegel bedingt eine höhere Anfälligkeit für bestimmte Stressoren und damit den Beginn von eventuellem Problemverhalten.

Die Adoleszenz endet mit dem ausgewachsenen Hund, je nach Rasse mit zwei bis drei Jahren.

Umbau im Gehirn

Nicht nur das Hormonsystem beeinflusst das Verhalten, auch das Gehirn befindet sich während der Adoleszenz im Umbau. In dieser Zeit ist das limbische System, ein Bereich des Gehirns, besonders aktiv. Dieser Bereich ist für emotionale Reaktionen verantwortlich. Und wir erinnern uns, wie sich unser Vierbeiner in der Entwicklung verhält: Er reagiert schneller mit Angst oder Aggression. Hierfür ist das limbische System verantwortlich. Aber warum ist das so? Diese Entwicklungsphase läuft bei allen Säugetieren gleich ab. Eben auch bei den wild lebenden Tieren. Für die ist es besonders wichtig, schnell auf Gefahren reagieren zu können. Hier entscheiden Sekunden. Daher ist es doch nur verständlich, dass die Natur Lebensphasen eingerichtet hat, in denen wir stärker auf äußere Reize reagieren. Und ja, für uns im Hundetraining ist diese Zeit häufig kritisch. Schnell haben sich Ängste gefestigt und stellen im späteren Zusammenleben mit dem Hund ein Problem dar.

INFO

In Hundehalterkreisen wird gerne von „Angstphasen" gesprochen. Diese gehen aber nicht spurlos am Vierbeiner vorbei. Ein sorgsames Training ist entscheidend!

Und warum kann der Vierbeiner in dieser Zeit so schlecht denken? Der präfrontale Cortex, ein Bereich des Großhirns, der für bewusstes Denken und Lernen verantwortlich ist, befindet sich in dieser Zeit im „Umbau". Erlernte Übungen wie „Sitz" und „Platz" sind häufig nur unzureichend abrufbar.

Die sogenannte „Impulskontrolle", die in vielen Hundeschulen gerne und häufig trainiert wird, verschlechtert sich in der Phase der Adoleszenz. Dies muss im Training eines jungen Hundes unbedingt beachtet werden! Auch können diese Vierbeiner nicht gut mit Frust umgehen.

Für das Training im Alltag bedeutet dies: Belohnen Sie jede Art von erwünschtem Verhalten. Sichern Sie Ihren Hund durch eine Schleppleine ab, um unerwünschtes Jagdverhalten im Ansatz zu unterbrechen. Zum Stichwort „Unterbrecher": Nutzen Sie keine Abbruchsignale, die mit Schrecksituationen zu tun haben. Dieser Schuss könnte nach hinten losgehen. Ein Beispiel: Ihr Hund bellt plötzlich einen fremden Menschen an. Das ist unangenehm und Sie möchten das natürlich nicht. Nun werfen Sie reflexartig die Leine nach dem Hund. Dieser erschreckt sich. Was hat er möglicherweise verknüpft: Fremde Menschen sind gefährlich!

Wie Sie stattdessen mit einem jungen Hund trainieren können, finden Sie auf den nächsten Seiten.

Manche Rassen wie der Rhodesian Ridgeback sind eher etwas langsam in der Entwicklung.

... Lösung in Sicht: Allgemeine Regeln

1 Machen Sie sich eine „Rangliste" der Futterbelohnungen. Was ist Standard, was ist etwas höherwertiger und was ist besonders toll? Vielleicht ist in manchen Situationen auch ein Spiel oder eine Schnüffelbelohnung spannender? Wichtig bei Belohnungen mit Spiel: Unterbrechen Sie das Spiel zwischendurch, um die Erregungslage des Hundes nicht unnötig hoch zu fahren. Wichtig: Die Unterbrechungen müssen sorgsam eingebaut werden. Denken Sie an die schlechte Erregungskontrolle. Verlangsamen Sie das Spiel einfach einmal und drosseln Sie das Gegenhalten bei Zerrspielen. Oder lassen Sie den Hund einen Moment lauern, bevor das Spielzeug wieder fliegt. So kann sich bereits in kleinen Schritten die Frustrationstoleranz verbessern.

2 Erwarten Sie von Ihrem Hund keine regelmäßigen Trainingsfortschritte. Er wird es nicht schaffen. Achten Sie vielmehr darauf, eine angemessene Trainingsatmosphäre zu schaffen. Unnötige Stressoren wie zu viele Umweltreize oder Trainingskollegen, sind unbedingt zu vermeiden. Arbeiten Sie in ganz kurzen Trainingseinheiten und machen Sie lieber einmal zu viel Pause als zu wenig!

1

1 Wählen Sie Belohnungen, die auch Ihr pubertierender Hund als Belohnung empfindet.

2

2 Achten Sie auf kurze Trainingseinheiten bei geringer Ablenkung.

3 Neben Futter und Spiel mit Ihnen gibt es noch zahlreiche Belohnungsvarianten, die Ihrem Hund gefallen und die vor allen Dingen bedürfnisbefriedigend sind. Es gibt einige selbstbelohnende Verhaltensweisen, die eine adäquate Belohnungsvariante bieten. Hierzu zählen Verhaltensweisen aus dem Bereich des Jagens: schnüffeln, stöbern, beobachten und vorstehen. Für manche Hunde ist auch ein Flitzen auf der Wiese eine angemessene Belohnung. Oder das Spiel mit Artgenossen. Aber es sollte wirklich ein Spiel sein, kein Imponierverhalten, Herumprollen oder aber unterwürfiges Verhalten.

4 Neben den oben beschriebenen Spielpausen können Sie auch durch kleine Suchspiele die Frustrationstoleranz langsam verbessern. Wichtig sind hierbei wirklich Minischritte! Sie können beispielsweise ein Häppchen ziemlich leicht erreichbar für den Hund auswerfen, das er dann suchen muss. Oder Sie machen es etwas schwerer und werfen es etwas weiter weg. Schon muss der Vierbeiner lernen, mit Frust umzugehen. Eine weitere Möglichkeit ist, den Hund einen Moment warten zu lassen, bevor er starten kann. Überspannen Sie den Bogen hierbei nicht! Erhöhen Sie den Schwierigkeitsgrad der Übung nur im Durchschnitt. Machen Sie es ihm zwischendrin immer wieder leichter.

3

4

3 *Ihr Hund spielt für sein Leben gerne? Da ist ein Spiel mit den Artgenossen eine tolle Belohnung.*

4 *Ihr Junghund kann schlecht mit Frustration umgehen. Das ist im Training zu beachten.*

Hinschauen lassen

1 Diese Übung ist dazu gedacht, einen „Fuß in die Tür“ zu bekommen, wenn Ihr Hund mit unerwünschten Verhaltensweisen beginnt. Gleichzeitig ist es eine schonende Variante, Impulskontrolle zu trainieren. Sobald Ihr Vierbeiner einen Erregungsauslöser wahrnimmt und dorthin schaut, geben Sie Ihr Markersignal. Richtig gehört! Der Hund soll nicht mich anschauen, sondern er schaut zu dem Artgenossen oder dem anderen Menschen. Warum? Wir wollen eine positive Verknüpfung mit den Angstauslösern schaffen. Und dies ist am einfachsten über mein Markersignal und eine leckere Belohnung möglich.

2 Natürlich darf nach dem Markersignal auch eine angemessene Belohnung nicht fehlen. Im besten Falle orientiert sich Ihr Hund nach dem Lobwort zu Ihnen um, weil er sein Häppchen erwartet. Tut er das nicht, führen Sie ihn mit dem Futterbröckchen etwas vom Angstauslöser weg. Gerne nehmen die Hunde auch ein Futterstück, das etwas seitlich an den Wegesrand fliegt und erschnüffelt werden muss. Überlegen Sie, auf welche Begegnungssituationen Ihr Hund mit Angst, Aggression oder hoher Erregungslage reagiert. Zukünftig werden möglichst alle genannten Situationen auf diese Weise abgefangen. Machen Sie sich keine Sorgen, Angst und Aggression können durch dieses Training nicht verstärkt werden.

1 Sobald Ihr Jungspund zu einem Erregungsauslöser hinschaut, geben Sie Ihr Markersignal.

2 Benutzen Sie das Häppchen, damit sich Ihr Hund vom Auslöser abwendet.

3 Manche Hunde können in Situationen, in denen Sie Angst empfinden, kein Leckerchen nehmen. Das ist erst einmal nicht schlimm. Was ist denn für einen vierbeinigen Angsthasen eine Belohnung? Richtig! Er darf aus der Situation heraus. Es gibt bestimmt eine Entfernung, in der er seine Belohnung essen kann. Beschleunigen können Sie natürlich eine positive Verknüpfung, wenn Sie in aufregenden Situationen besonders leckere Belohnungen bereitstellen. Gut bewährt hat sich Leberwurst aus der Tube.

4 Sobald Sie einige Male in Begegnungssituationen das Hinschauen markiert haben, werden Sie merken, dass Ihr Vierbeiner bereits beim Anblick von Auslösern sein Lobwort erwartet. Er dreht ein Ohr in Ihre Richtung oder wendet den Blick vielleicht auch schon kurz ab. Super, nun geht es weiter im Programm. Bieten Sie Ihrem Vierbeiner eine Alternative, die er leicht ausführen kann und die Sie positiv aufgebaut haben, beispielsweise ein Sitz am Wegesrand. Hat er es geschafft? Super, belohnen Sie ihn! Nun haben Sie ein Alternativverhalten, das nicht mit Angst oder Aggression einhergeht. Diese Anleitung beschreibt nur die ersten Trainingsschritte. Eine ausführlichere Anleitung finden Sie im Buch „Jeder Hund kann mutig werden“.

3

4

3 *Hat der Vierbeiner zu viel Angst vor dem Auslöser, führen Sie ihn mit der Belohnung bewusst aus der Position.*

4 *Nach einigen Wiederholungen beginnt der Hund, auf sein Markersignal zu warten.*

FEHLER ...

... und wie man sie vermeidet

1 Auch wenn Ihr Hund mal einen guten Tag hatte: Erwarten Sie nicht, dass Sie am nächsten Tag an die Erfolge anknüpfen können! Hier kann es schon wieder ganz anders aussehen. Dann gilt: Trainingsplan über Bord werfen und einfachere Alternative suchen!

2 Um für den Hund eine positive Verknüpfung mit Angstauslösern hinzubekommen, müssen die Belohnungen möglichst hochwertig und vielfältig sein. Übrigens: Üben Sie nicht immer an den „schwersten" Auslösern. „Schwache" Angstauslöser geben Routine im Training.

1 Vermeiden Sie, von Ihrem Hund Trainingsfortschritte zu verlangen.

2 Hier ist die Belohnung für das Umorientieren nicht groß genug.

Was tun, wenn nichts hilft?

- **Ihr Hund ist draußen nur noch aufgeregt und interessiert sich gar nicht mehr für Sie?**
  Ja, das kann leider passieren. Gerade jagdlich interessierte Vierbeiner können stundenlang stöbern, ohne Ihre Besitzer zu beachten. Warum das so ist? Stöbern kommt aus dem Jagdverhalten und ist extrem selbstbelohnend. Ihrem Hund geht es ausgezeichnet dabei. Die Lösung: Schaffen Sie gemeinsame Jagdspiele für sich und Ihren Hund. Wie das geht, erfahren Sie am besten in einer geeigneten Hundeschule.

- **Ihr Hund poltert sofort los, wenn er andere Hunde sieht. Distanzvergrößerung macht die Situation leider nicht besser?**
  Vorsicht! Möglicherweise schiebt Ihr Hund gerade enormen Frust, wenn er Artgenossen sieht und nicht zu ihnen darf. Denken Sie an die schlechte Frustrationstoleranz! Distanzvergrößerung bringt in diesem Fall noch mehr Frust. Denn Ihr Vierbeiner hat ja keine Angst vor dem anderen, sondern er pöbelt ja einfach nur, weil er nicht hin darf. Deshalb brauchen Sie eine adäquate Alternative, vielleicht ein gemeinsames Spiel. Sollten Sie nicht weiterkommen, suchen Sie sich dringend professionellen Rat!

- **Gerade in der Hundeschule oder beim Treffen mit Freunden bellt er sich in Rage?**
  Auch in diesem Fall kommt die schlechte Impulskontrolle und Frustrationstoleranz ins Spiel. Warten ist nicht gerade die Stärke junger Hunde. Und es ist nicht von Vorteil, die Vierbeiner sofort miteinander rennen zu lassen, insbesondere, wenn die Erregungslage vorher sehr hoch war. Machen Sie erst Übungen mit Ihrem Hund, die entspannend wirken und ihn von seiner hohen Erregungslage herunterfahren! Manchmal ist es durchaus hilfreich, ein paar Mal mit der Hundestunde auszusetzen, bevor sich das Fehlverhalten festigt.

- **Auch bei großer Entfernung reagiert Ihr Hund extrem ängstlich auf Auslöser und kann nichts essen?**
  In diesem Fall suchen Sie sich dringend professionelle Hilfe. Es besteht ein großes Risiko, dass sich das Angstverhalten festigt und dann dauerhaft zum Problem wird. Deshalb muss sehr behutsam vorgegangen werden.

Ursache 3:

STRESS IM TRAININGSAUFBAU

Woran erkenne ich, dass mein Hund gerade Stress hat, und wie kann ich das ändern? Um diese wichtigen Fragen kümmern wir uns in diesem Kapitel.

Physiologie von Stress

Was ist Stress eigentlich? Ist er immer negativ? Stress kann positiv und negativ sein. Beides löst erst einmal die gleiche Reaktion im Körper aus. Zum einen wird über das vegetative Nervensystem Adrenalin aus dem Nebennierenmark freigesetzt. Adrenalin ist im Körper verantwortlich für schnelle Flucht- oder Kampfbereitschaft, sodass der Körper eben innerhalb von Sekunden auf eine potenzielle Gefahr reagieren kann. Zum anderen wird über verschiedene Hormone die Nebennierenrinde aktiviert, die ihrerseits das Cortisol ausschüttet. Cortisol wiederum aktiviert unter anderem den Mandelkern im Gehirn. Das ist der Bereich, der für Emotionen zuständig ist. Diese Reaktion bewirkt, dass beängstigende Situationen nun besonders schnell gelernt werden können. Diese zweite Stressschiene verläuft wesentlich langsamer als die erste. Sie ist erst nach Abklingen der Gefahr auf ihrem Höhepunkt und hält auch deutlich länger an. Cortisol bewirkt im Gehirn außerdem, dass keine unnötige Energie in Lernprozesse gesteckt wird. Das erklärt, warum Lernen unter Stress so gut wie unmöglich ist!

Häufig machen wir unseren Vierbeiner im Training unbewusst Stress – hier durch ein Über-den-Hund-Beugen.

Häufige Stressoren

Lernen ist also unter Stress schlecht möglich. Für unser Training heißt das, dass der Stresslevel, egal ob nun positiver oder negativer Stress, niedrig gehalten werden muss, damit Lernen überhaupt erfolgen kann.
Positive Stressoren können zum Beispiel in einer Hundeschulgruppe das Trainingsgelände, die anderen Kumpels und die anderen Menschen sein. Ist ein Hund aber beispielsweise eher ängstlich, dann sind für ihn die anderen Artgenossen tendenziell negative Stressoren. Auch Gerüche, Geräusche und die Witterungsverhältnisse können Stressoren sein. Und dann kommen noch wir hinzu. Wir machen unserem Hund nämlich nicht selten unnötigen Stress im Training. Wieso? Haben Sie sich schon einmal gefragt, wie Ihr Hund es findet, wenn Sie ihm über den Kopf tätscheln? Am besten, Sie lehnen sich noch frontal über ihn. Sie machen das nicht? Mit dieser Aussage wäre ich vorsichtig! Das passiert im Training viel häufiger als gedacht. Wahrscheinlich ist es Ihnen gar nicht bewusst. Das ist es ja gerade. Uns fällt es meist nicht einmal auf. Unsere Hunde haben gut gelernt, dass wir eben so sind. Sie stecken ein solches stressauslösendes Verhalten von uns in der Regel auch ohne Probleme weg. Kommen aber noch viele andere Stressoren dazu, dann kann unser Vornüberlehnen das sprichwörtliche Tüpfelchen auf dem „i“ sein.

Oben: Berührungen in Form von Streicheln oder Klopfen sind für den Vierbeiner eher angstauslösend.

Bedingungen für ein stressfreies Training

Bevor wir nun an einem praktischen Beispiel erarbeiten, wie wir Stress im Trainingsaufbau vermeiden können, hier erst einmal ein paar allgemeine Empfehlungen.

Beginnen Sie alle neuen Übungen in einer ablenkungsarmen Umgebung. Ihrem Hund soll es leicht fallen zu arbeiten. Von dieser stressarmen Umgebung können Sie sich nach und nach zu mehr Ablenkung vorarbeiten. Aber Vorsicht! Um einen Trainingserfolg zu erzielen, wird im besten Fall pro gesteigertem Übungsschritt nur ein Faktor verändert! Was heißt das in der Praxis? Nun, zum Beispiel gehen Sie vom häuslichen Bereich über zum ruhigen Garten. Damit haben Sie auf alle Fälle den Untergrund verändert. Von hier aus gehen Sie auf einen Feldweg, auf dem Ihnen hin und wieder jemand begegnet. Dann können Sie Ihre Übungen an einer wenig befahrenen Straße vornehmen, bis Sie sich nach und nach in die Stadtablenkung vorarbeiten.

Sollten Sie eine Hundeschule besuchen, achten Sie bitte darauf, dass Sie für Ihren Hund einen ausreichenden Individualabstand halten. Nur dann können Sie ein angemessenes Stresslevel für Ihren Hund erreichen.

INFO

Die wichtigsten Stressanzeichen:

- *Lautäußerungen wie Bellen und Winseln*
- *Gähnen, Hecheln, Speicheln,*
- *Häufiger Kot- und Urinabsatz*
- *Beim Rüden Peniserektion*
- *Schnuppern am Boden*
- *Häufiges Kratzen*
- *Normalerweise gut abrufbare Signale können nicht ausgeführt werden*

Bevor wir mit dem Training beginnen, noch ein paar beruhigende Worte. Keine Sorge: Es wird passieren, dass Ihr Hund Stress hat. Das ist auch nicht weiter dramatisch. Es muss sich eben nur in Grenzen halten.

Wir bekommen unseren Alltag in der Regel ja auch nicht ohne Stress hin.

Nimmt Ihr Hund die Belohnung nicht, ist meist der Stresslevel zu hoch!

... Lösung in Sicht: Stressfreies Anleinen

1 Sie kommen im Training nicht weiter und haben den Eindruck, Ihr Hund zeigt Stresssymptome? Dann ist es keine Schande, einmal einen Fachmann einen Blick auf Ihre Arbeit werfen zu lassen. Oder lassen Sie sich filmen. Sie werden erstaunt sein, was Ihnen von außen betrachtet vielleicht an Kleinigkeiten auffällt. Keiner möchte seinem Hund Stress machen, trotzdem passiert es natürlich das eine oder andere Mal. Also: Seien Sie immer selbstkritisch! Wir können immer noch dazu lernen. Und jeder macht mal Fehler, das ist keine Schande.

2 Eine Übung, bei der häufig Stresssymptome zu beobachten sind, ist das eigentlich sehr unspektakuläre Anleinen. Das wollen wir an dieser Stelle mal genauer beleuchten. Was passiert denn dabei? Es wird gerne schnell ins Geschirr oder Halsband gegriffen, damit der Gute nicht wieder ausbüchst. Häufig zu beobachten: der „Grabschgriff", überraschend von oben, mit nach vorne übergebeugtem Oberkörper. Einige Hunde finden das Ganze so unangenehm, dass sie erst gar nicht mehr bis zum Besitzer kommen, sondern ein bis zwei Meter vorher einen Stopp einlegen. Diese Vierbeiner sind nicht frech oder stur, sie finden diese Situation nur einfach gruselig.

1 Lassen Sie sich filmen oder von einem Fachmann beurteilen, warum Ihr Hund Stress hat.

2 Ein häufiges Problem: das richtige Anleinen.

3 Versuchen Sie Ihren Vierbeiner erst gar nicht zu sich zu locken, wenn er nicht dicht zu Ihnen kommt. Im besten Falle kommt er kurz vorbei und schnappt sich sein Häppchen. Bis Sie in das Geschirr greifen können, ist er dann aber schon wieder weg. Lassen Sie vielmehr Ihren Hund ein paar Leckerchen rund um Sie herum erschnüffeln. Eine kleine Schleppleine kann zusätzlich helfen. Treten Sie auf die Leine, nehmen Sie sie dann in aller Ruhe auf. So können Sie Ihrem Hund das unangenehme Greifen erst einmal ersparen.

4 Vermeiden Sie, von oben in Geschirr oder Halsband zu greifen! Gehen Sie lieber in die Hocke. Setzen Sie sich nicht frontal zum Hund, sondern eher etwas seitlich. Geben Sie Ihrem Vierbeiner mit einer Hand ein Häppchen, während Sie mit der anderen vorsichtig von unten ins Geschirr greifen. Für die ersten Wiederholungen kann die oben beschriebene Schleppleine eine sehr gute Hilfe sein! Üben Sie das Greifen in das Geschirr auch ohne den Kontext Rückruf oder Anleinen. Je häufiger Sie das in einem für den Hund angenehmen Kontext tun, umso leichter wird ihm diese Einschränkung fallen.

3

4

3 Streuen Sie einige Leckerchen um sich, sodass Ihr Hund dicht zu Ihnen kommt.

4 Gehen Sie in die Hocke und greifen Sie von unten in Halsband oder Geschirr.

Stressfreie Lernspiele

1 Targettraining bedeutet, dass Ihr Vierbeiner mit einem Körperteil einen Gegenstand, beispielsweise Ihren Schuh, berührt. Und wie bekomme ich so etwas hin? Gibt Ihr Hund Pfötchen? Dann legen Sie Ihre Hand auf Ihren Fuß – ich weiß, etwas sportlich. Geben Sie nun Ihrem Hund das Signal für „Pfote geben". Nach einigen Wiederholungen können Sie, kurz bevor Ihr Liebling seine Pfote in Ihre Hand legt, die Hand einfach wegziehen. Und schon gibt Ihr Hund die Pfote auf Ihren Schuh und ist dicht an Sie heran gekommen. Integrieren Sie diesen Part ruhig regelmäßig in das Rückruftraining.

2 Hand aufs Herz – wann rufen Sie Ihren Hund? Meistens, wenn Sie ihn anleinen müssen! Das ist übrigens das Problem. Er ist schließlich nicht dumm! Wieso sollte er kommen, wenn es danach langweilig wird? Also: In Zukunft rufen Sie ihn häufiger. Nur nach ca. zehn Wiederholungen leinen Sie ihn an. Ansonsten gibt es einfach nur eine kleine Belohnung oder das Fußtargetspiel und er kann wieder laufen.

1 *Auch ein Targettraining kann helfen: Dieser Hund hat gelernt, den Schuh seines Besitzers zu berühren.*

2 *Leinen Sie ihn nicht jedes Mal an. Nur jedes zehnte Mal, wenn Sie ihn gerufen haben!*

3 Auch eine schöne Möglichkeit: Nun haben Sie ihn nach zehn Wiederholungen angeleint. Und es wird nicht langweilig, sondern Sie machen ein kleines Zerrspiel. Oder Sie schmeißen ein paar Häppchen innerhalb des Leinenradius, die Ihr Vierbeiner fangen muss oder die er erschnüffeln kann. Und schon ist das Anleinen nicht mehr doof. Ihr Hund wird die Leine lieben. Achten Sie aber darauf, dass nicht die Leine das Zerrobjekt wird, sondern bitte ein adäquates Spielzeug. Sobald das Spiel beendet ist, gönnen Sie dem Spielkumpel wieder den Freilauf.

4 Auch das Ableinen will gelernt sein! Der Klassiker: Das Klacken des Karabiners ertönt und schwups – weg ist der Hund. Das soll natürlich nicht passieren. Und was tun Sie? Sie grabschen schon wieder! Schlauer ist, den Karabiner ein paarmal zu öffnen, ohne dass die Leine ausgeklinkt wird. Schafft Ihr Vierbeiner es zu warten? Dann belohnen Sie ihn. Nehmen Sie sich ein paar Häppchen in die Hand, füttern Sie ihn weiter, obwohl Sie zwischenzeitlich die Leine abmachen. Dann erst geben Sie das Freisignal. Und los geht es!

3 Machen Sie mit Ihrem Hund ein kleines Spiel, wenn er angeleint ist.

4 Danach leinen Sie ihn sofort wieder ab.

... und wie man sie vermeidet

1 Ich kann es nicht oft genug sagen: Achten Sie auf Ihre Körperhaltung. Vermeiden Sie für Ihren Hund bedrohliche Situationen. Auch wenn Sie denken, es würde ihm nichts ausmachen. Oder pöbeln Sie Ihre engsten Freunde an und behaupten dann, das würde sie nicht stören?

2 In einer Hundegruppe wird oftmals der Fehler gemacht, dass der Individualabstand nicht eingehalten wird. Vielleicht zieht Ihr Hund nicht aktiv weg, aber bestimmt wendet er deutlich den Kopf oder den Körper ab. Das ist bereits ein offensichtliches Zeichen dafür, dass es zu eng ist!

1 *Bedrohliche Körperhaltungen sind häufig ein großer Stressfaktor.*

2 *Hier ist der Abstand zum Nachbarhund zu gering gewählt, auch das kann ein Stressor sein.*

Was tun, wenn nichts hilft?

- **Im bekannten Umfeld ist alles gut, aber auf dem Spaziergang oder in der Hundeschule reagiert Ihr Hund deutlich mit Stress?**
  Möglicherweise ist Ihr Vierbeiner nicht gut auf seine Umwelt sozialisiert. Dies ist ein häufiges Problem bei Hunden aus dem Ausland. Sie bekommen bei uns regelrecht einen Kulturschock. Auch betroffen sind Hunde, die sehr wohlbehütet oder ländlich aufgewachsen sind und dann in die Großstadt vermittelt werden. Was können Sie tun? Ich würde Ihnen zu professioneller Hilfe raten. Ein strukturiertes und individuelles Vorgehen ist erforderlich. Vor allem braucht es das direkte Training bei Ihnen zu Hause, im Alltag. Ein Training alleine auf dem Hundeplatz reicht nicht aus, um Ihren Alltag zu bewältigen.

- **Ihr Hund ist in die Jahre gekommen, und auf einmal zeigt er Stresssymptome bei längst bekannten Übungen wie „Sitz“ und „Platz“?**
  Eine mögliche Ursache können Schmerzproblematiken sein. Arthrosen machen sich breit und erschweren das Hinsetzen oder Hinlegen. Es ist in diesem Fall durchaus legitim von Ihrem Vierbeiner, die Mitarbeit zu verweigern. Lesen Sie zusätzlich das nächste Kapitel und stellen Sie Ihren Hund mal einem Orthopäden oder Physiotherapeuten vor. Er kann ihm sicherlich den Alltag erleichtern.

- **Sie sind körperlich nicht in der Lage, sich zu Ihrem Vierbeiner hinunter zu bücken?**
  Nicht nur der Hund kann in die Jahre kommen, natürlich auch sein Halter! Klar, Sie müssen sich nicht zwangsläufig zu ihm bücken. Schauen Sie, ob Sie eine Alternative finden, die für Sie und Ihren Vierbeiner tolerabel ist. Ein seitliches Hinunterbeugen zum Hund wirkt beispielsweise viel weniger bedrohlich als ein frontales Überbeugen. Vielleicht kann Ihr Vierbeiner auch mit den Vorderbeinen auf eine Erhöhung – eine Stufe, einen Baumstamm – hüpfen, sodass ein Anleinen einfacher wird.

- **Ihr Hund gerät in Routinesituationen generell immer häufiger unter Stress?**
  Ab zum Experten! Plötzliche Verhaltensänderungen müssen dringend angeschaut werden. Es können unter anderem klinische Probleme wie beispielsweise eine Schilddrüsenunterfunktion oder ein Nachlassen der Sehkraft vorliegen. Hier kann geholfen werden.

Ursache 4:

ERKRANKUNGEN

Sie befürchten, Ihr Hund hat Schmerzen? Er setzt oder legt sich ungern hin? Was Sie alternativ tun können, lernen Sie in diesem Kapitel!

Medizinischer Check-up

Es gibt viele medizinische Gründe, die eine Verschlechterung des Trainingszustands zur Folge haben. Selbstverständlich können in diesem Büchlein nicht alle möglichen auftretenden Erkrankungen vorgestellt werden. Aber wir können uns die am häufigsten vorkommenden Krankheiten anschauen. Und vor allem können wir Ihnen sagen, was Sie Ihrem Vierbeiner Gutes tu können, um ihm den Alltag zu erleichtern. Sobald Ihr vierbeiniges Familienmitglied das sechste Lebensjahr überschritten hat, sollten Sie an einen jährlichen Check-up denken! Hierzu gehören – neben einer Allgemeinuntersuchung – ein Abhören des Herzens und der Lunge, eine Blutprobe und natürlich auch eine Untersuchung des Bewegungsapparates. Welche Probleme können auftreten?

Erkrankungen des Bewegungsapparates

Hunde, die in die Jahre kommen, entwickeln gerne Arthrosen. Wen wundert es? Geht es uns doch auch nicht anders! Gibt es bevorzugt betroffene Gelenke? Ein klares „Ja“. Fangen wir an der Wirbelsäule an. An den Wirbeln bilden sich kleine „Zähnchen“. Diese Zuwächse können bei Bewegung erhebliche Schmerzen in der Wirbelsäule verursachen. Dies geht so lange, bis eine Spange zwischen zwei Wirbeln entstanden ist. Die Wirbelsäule ist in Zukunft in diesem Bereich versteift. Die Schmerzen sind weg. Geblieben ist eine eingeschränkte Beweglichkeit. Weiterhin sind natürlich die großen Gelenke der Gliedmaßen betroffen: Hüfte, Schulter, Ellbogen und Knie. Die Muskulatur wird schwächer, es entwickeln sich Schonhaltungen, gefolgt von Muskelverspannungen und klar – Schmerzen. Durch die Fehlstellungen der Gliedmaßen werden die Zehengelenke nicht mehr gleichmäßig belastet. Was passiert? Klar, es können sich Arthrosen bilden! Sie sehen, es ist ein fortschreitender Prozess. Sie können ihn nicht aufhalten. Aber wir haben in der Tiermedizin heutzutage viele Möglichkeiten, älteren Vierbeinern den Alltag zu erleichtern. Und ich spreche nicht nur von Schmerzmitteln. Physiotherapie, Massagen und krankengymnastische Übungen können helfen. Nach Operationen oder Verletzungen in der Vergangenheit können ebenfalls dauerhafte Schonhaltungen auftreten. Denn auch Tiere haben ein

Hunde mit arthrotischen Problemen haben Schwierigkeiten, sich hinzusetzen oder hinzulegen.

Schmerzgedächtnis und vermeiden gewisse Situationen und Bewegungen, zum Beispiel ein schnelles Hinsetzen.

Herz- und Kreislaufprobleme

Lassen Sie regelmäßig das Herz-Kreislauf-System Ihres „Rentners" untersuchen. Typische Symptome, die Sie beobachten können, sind: eine allgemeine Leistungsschwäche, vermehrtes Hecheln, eine schnellere Atmung, blaue Schleimhäute. Vielleicht stellt Ihr Vierbeiner aber auch die Futteraufnahme ein. Die Symptome sind leider nicht sehr spezifisch. Aber Ihr Haustierarzt wird wissen, was zu tun ist. Die gute Nachricht: Herzprobleme können medikamentös häufig deutlich verbessert werden.

Nachlassen der Sinnesorgane

Auch die Sinnesorgane lassen nach. Was hat das mit dem Grundgehorsam zu tun? Na, wie soll Ihr Hund denn kommen, wenn er Sie nicht mehr hört? Lassen die Augen nach, können Ihre Körpersprache und Handzeichen nicht mehr richtig gelesen werden. Erschwerend kommt hinzu, dass bei nachlassender Sinnesleistung der Stresslevel der Hunde auf dem Spaziergang steigt. Gerade auf unbekannten Wegen! Klar, er weiß nicht mehr, wo er hintritt, erkennt Begegnungssituationen nicht

Passen Sie Ihren Alltag an die Bedürfnisse des Hundesenioren an.

mehr richtig und ordnet sie möglicherweise falsch ein. Die Folge: Angst- oder Aggressionsverhalten tritt zutage. Lässt das Gehör nach, wird zum Beispiel ein vorbeifahrendes Fahrrad nicht wahrgenommen, Schreckreaktionen treten auf. Sie sehen, die Welt da draußen wird gefährlich!

Erste Maßnahmen

Routine im Alltag hilft unseren in die Jahre gekommenen Vierbeinern. Bekannte Umgebungen, vertraute Wege – und schon wirkt der Gassigang weniger angsteinflößend. Verlangen Sie nicht mehr so häufig ein „Sitz“ oder „Platz“ von Ihrem Hund. Alternativ lernen Sie auf den nächsten Seiten, wie Sie ein sicheres „Steh“ aufbauen können. Das wird Ihrem Hund viel leichter fallen. Ein Rentner muss sich nicht mehr hinsetzen zum An- und Ableinen.

Passen Sie Länge und Tempo des Spaziergangs der Tagesform Ihres Hundes an. Häufiges Schnüffeln und Trödeln können Anzeichen für Überforderung sein. In diesen Situationen braucht er dringend eine Pause!

Also, weniger ist manchmal mehr. Wie immer gilt: Beobachten Sie Ihren Hund gut! Keiner kennt ihn so gut wie Sie!

Nehmen Sie eine beginnende Leistungsschwäche nicht auf die leichte Schulter! Herz- und Kreislaufprobleme können die Ursache sein!

AHA!

Vierbeinige Rentner hören und sehen einfach weniger. Auch ein Grund für den schlechteren Grundgehorsam.

... Lösung in Sicht: „Steh“

1 Älteren Hunden oder Vierbeinern mit Schmerzproblemen im Bewegungsapparat fällt Hinsetzen oder -legen deutlich schwer. Sie verweigern sich ganz oder führen die Übung mit starker Verzögerung aus. Bevor Sie behaupten, Ihr Hund sei stur, überlegen Sie einmal, ob Ihr Vierbeiner Schmerzen haben könnte. Setzt oder legt er sich beispielsweise immer auf dieselbe Pobacke? Dann könnte er in diesem Bein Schmerzen haben. Eine einfache Alternative für „Sitz“ oder „Platz“ ist das „Steh“.

2 Wieder beginnen wir ohne große Ablenkung. Ein eindeutiges Handzeichen für „Steh“ ist beispielsweise die aufrecht stehende Hand. Sie können aber alternativ jedes beliebige Handzeichen nehmen, das Ihnen einfällt. Einzige Bedingung: Es muss sich eindeutig von den anderen unterscheiden. In unserem Beispiel arbeiten wir nun mit der aufrechten Hand. Nehmen Sie sich ein Leckerchen zwischen Daumen und Handfläche. Führen Sie Ihre Hand auf die Höhe der Hundenase in bequemer Stehposition. Dockt Ihr Hund an Ihre Hand an und bleibt stehen, kommt Ihr Lobwort gefolgt von einer Belohnung.

1 *Statt sitzen oder liegen, trainieren Sie lieber ein „Steh“, wenn Ihr Hund verweilen soll.*

2 *Nehmen Sie ein Leckerchen in die Hand und belohnen Sie Ihren Hund, wenn er ruhig steht.*

3 Sobald Sie Ihrem Hund sein Häppchen gegeben haben, denken Sie an Ihr Auflösesignal. Er kann jetzt wieder laufen, muss aber nicht zwangsläufig. Wichtig: Auch wenn Ihr „Rentner" noch so schön steht, nach dem Auflösesignal darf es sich nicht mehr lohnen. Wie soll er sonst sein Auflösesignal verknüpfen? Passen Sie auf, dass Sie das Häppchen nicht zu hoch vor der Hundenase anbieten, sonst laufen Sie Gefahr, dass der Vierbeiner sich setzt.

4 Ihr Hund hat verstanden, was er tun soll? Dann versuchen Sie das Ganze doch mal ohne Leckerchen in der Hand! Nehmen Sie wieder die aufrechte Hand vor die Hundenase. Und jetzt Vorsicht! Er wird nur kurz verharren. Hier heißt es schnell sein! Sagen Sie sofort Ihr Lobwort und legen Sie die Futterbelohnung nach. Damit Sie erst einmal schnell an das Bröckchen kommen, können Sie etwas Futter in der anderen Hand haben.

3 Nachdem er die Belohnung hat, lösen Sie die Situation sofort wieder auf.

4 Nach einigen Wiederholungen machen Sie das Handzeichen ohne Bröckchen in der Hand.

Variationen von „Steh“

1 Erinnern Sie sich: Der gesamte Kontext wird verknüpft – Ihre Körperhaltung, die Umgebung, alles. Daher beginnen Sie sowohl Ihre Körperposition zu ändern als auch die des Hundes. Mal sitzen Sie, mal haben Sie eine Hand auf dem Rücken oder Sie kratzen sich am Kopf. Ihr Hund steht dabei mal vor Ihnen, mal rechts und links von Ihnen. Auch ein „Steh“ im „Windschatten“ von Ihnen kann nicht schaden. Und nicht vergessen: Üben Sie auch an verschiedenen Orten!

2 Klappt das alles, führen wir das Wortsignal ein. Können Sie sich erinnern, wie Sie das machen? Genau: Das Wort kommt vor dem Handzeichen. Generell gilt: Das Signal, das ich neu trainieren möchte und das der Hund noch nicht kennt, packe ich vor das altbekannte Zeichen. „Steh“ – Handzeichen – Hund steht still. Na geht doch! Belohnung und das Auflösesignal nicht vergessen!

1 *Variieren Sie die Positionen und Ihre Körperhaltungen.*

2 *Nun können Sie das Wortsignal einführen.*

3 Sie möchten auch ein Verweilen im „Steh" haben? Kein Problem, belohnen Sie Ihren Hund nicht nur mit einem Häppchen, sondern legen Sie schnell nach, so lange er noch steht. Seien Sie schnell genug mit Ihrem Lobwort und mit Ihrem Häppchen. Im besten Fall bewegt sich Ihr Vierbeiner weder nach dem Lobwort noch in Erwartung seines Häppchens. Es macht immer Sinn, den Hund in der Position zu füttern, die er auch einnehmen soll.

4 Nun beginnen Sie, sich vor ihm von einem Bein auf das andere zu bewegen. Klappt das? Lobwort – Häppchen. Trauen Sie sich einen Schritt weg vom Hund. Bleibt er immer noch stehen? Lobwort – Futter. Umkreisen Sie ihn vorsichtig, lassen Sie seinen Popo erst einmal aus. Kann Ihr Vierbeiner Sie nicht sehen, laufen Sie Gefahr, dass er sich Ihnen zuwendet. Das wäre schade, wo er doch so schön stehen geblieben ist. So, nun brauchen Sie nur noch an der Entfernung und an der Dauer zu arbeiten, die Sie anvisiert haben. Und nicht vergessen: In verschiedenen Umgebungen üben!

3

4

3 Verlängern Sie das Stehenbleiben, indem Sie ein paar Bröckchen nachlegen.

4 Auch eine Bleibübung im „Steh" ist möglich.

FEHLER …

… und wie man sie vermeidet

1 Bieten Sie das Leckerchen zu hoch an, setzt sich der Vierbeiner. Bieten Sie das Häppchen immer in bequemer Stehhöhe an, dann sollte nichts schiefgehen.

2 Gerade beim „Steh“ ist es manchmal nicht ganz einfach, das Häppchen zügig genug in den Hund zu schieben. Ihr Vierbeiner ist schnell verleitet, sich weiter vorwärts zu bewegen. Seien Sie also auf der Hut!

1 Das Leckerchen wurde zu hoch angeboten, der Hund setzt sich.

2 Achten Sie darauf, dass Ihr Hund die Belohnung erhält, ohne dass er sich wegbewegt.

Was tun, wenn nichts hilft?

- **Sie haben das Gefühl, dass Ihr Hund das „Steh" nicht versteht, und Sie kommen im Training nicht weiter?**
  Dank der guten medizinischen Versorgung vieler Tiere, werden sie – Gott sei Dank – immer älter. Dies hat aber zur Folge, dass neben den oben beschriebenen Erkrankungen auch durchaus Demenz bei unseren Vierbeinern auftreten kann. Wie merke ich das? In der Regel finden sich demente Tiere in einer fremden Umgebung schlecht zurecht. Alles, was außerhalb Ihrer täglichen Routine liegt, wird schwer verarbeitet. Hinzu kommt dann natürlich auch, dass neue Dinge nur noch eingeschränkt gelernt werden können. Das müssen Sie natürlich im Training berücksichtigen. Geben Sie Ihrem Liebling so viel tägliche Routine wie möglich. Spaziergänge zu gleichen Uhrzeiten, auf den gleichen Wegen, Alleinebleiben möglichst auch nur zu gewohnten Uhrzeiten. Sprechen Sie Ihren Tierarzt darauf an. Mittlerweile gibt es einige Medikamente, die dementen Hunden den Alltag erleichtern können.

- **Stehen ist kein Problem, aber sobald Ihr Vierbeiner ohne Leine läuft und voraus ist, reagiert er nicht mehr auf Ihre Signale?**
  Tja, dann hört er wohl nicht mehr so gut! Am besten befestigen Sie eine Leine oder Schleppleine am Geschirr. Besonders, wenn Sie sich in fremder Umgebung befinden, denn so stellen Sie sicher, dass er nicht doch abhanden kommt! Besitzer von tauben Hunden haben auch ein Vibrationshalsband ausprobiert. Keine Sorge: Das ist ein Halsband, das einfach nur auf Knopfdruck vibriert. So kann man einem tauben Hund ein taktiles Rückrufsignal beibringen.

- **Sie können keine „Bleib"-Übung mehr aufbauen, denn egal ob „Sitz", „Platz" oder „Steh", Ihr Hund watschelt hinter Ihnen her?**
  Ältere Hunde sind nicht gerne alleine. Neben Trennungsangst kann auch eine einfache „Bleib"-Übung Probleme machen. Berücksichtigen Sie das bitte bei Ihrem Training. Es ist eben kein junger Hüpfer mehr.

- **Ihr vierbeiniger Rentner trödelt immer mehr hinter Ihnen her und wirkt wie abwesend?**
  In diesem Fall könnte ein Schmerzproblem vorliegen! Gestalten Sie bitte Ihre Spaziergänge kürzer und wenden Sie sich an einen Tierarzt Ihres Vertrauens!

Spezial:

CLICKERTRAINING

Sie haben in diesem Buch immer wieder von Clickertraining gehört, und nun möchten Sie wissen, wie Sie richtig mit dem Clicker umgehen? Dann sind Sie hier richtig!

Vorteile des Clickers

Wofür Clickern? Ich kann meinen Hund doch loben. Prinzipiell haben Sie Recht. Natürlich können Sie ein Lobwort ganz genauso aufbauen wie den Click. Außerdem können Sie Ihr Lobwort nicht zu Hause vergessen, den Clicker aber schon! Aber: Mit dem Clicker sind Sie noch ein Fünkchen schneller und damit besser im Timing! Denn es braucht vom Gehirn weniger „Rechenleistung", um den Daumen zu bedienen als unser Sprachzentrum zu aktivieren. Hinzu kommt, dass der Click immer neutral klingt, das Lobwort eher weniger, wenn Sie gestresst sind.

Hunde sind äußerst dankbar für eine eindeutige Kommunikation.

Die ersten Schritte

1 Und nun kann es losgehen. Sie bewaffnen sich mit Ihrem Clicker und leicht zu erreichenden Häppchen in einer Futtertasche. Jetzt dürfen Sie clicken. Erst danach greifen Sie in Ihre Futtertasche, holen ein Häppchen heraus und geben es Ihrem Hund. Sobald er aufgefuttert hat, wiederholen Sie das Ganze: Click – in die Futtertasche greifen – Belohnung in den Hund.

2 Nach einigen Wiederholungen werden Sie merken, dass Ihr Vierbeiner schon sein Bröckchen erwartet. Natürlich ist das noch keine sichere Verknüpfung. Bauen Sie einfach immer mal wieder „Click – Futter" in Ihren Alltag ein. Das war es schon! Und nun kann es losgehen mit der Arbeit! Denn wofür brauchen wir das denn eigentlich?

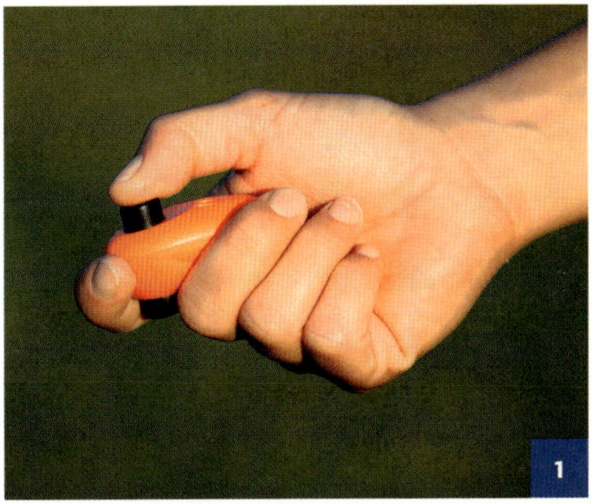

1 *Clicken Sie und geben Sie Ihrem Hund danach eine Futterbelohnung.*

2 *Es braucht nur wenige Wiederholungen, schon erwartet Ihr Hund sein Futter.*

Einsatzmöglichkeiten des Clickers

Clickern macht Spaß! Das ist schon einmal das Wichtigste. Und dann gibt es noch einen großen Vorteil: Betrachten wir herkömmliches Hundetraining – und ich meine durchaus positives Training mit Futter, das aber über Locken aufgebaut ist – dann können wir häufig Hunde beobachten, die einfach nur dem Leckerchen folgen. Sie bekommen gar nicht mit, was sie eigentlich tun!

Nehmen wir mal das Thema Leinenführigkeit: Wenn ich dem Hund die ganze Zeit ein Stück Fleischwurst vor die Nase halte, dann zieht er nicht an der Leine. Stimmt. Aber er hat noch lange nicht verstanden, was er tun soll! Natürlich ist es gut und richtig, bei den ersten Schritten zu locken. Dieses Locken muss aber relativ schnell abgebaut werden, sonst kommen Sie im Training nicht weiter. Erarbeiten Sie die Leinenführigkeit mit dem Clicker, würden Sie einfach belohnen, wenn der Hund neben Ihnen geht. Ganz schnell weiß er, was er tun muss, um an das nächste Häppchen zu kommen. So einfach kann es manchmal sein!

SERVICE

Sie wollen Ihr Wissen durch Lektüre vertiefen oder sind auf der Suche nach einer guten Hundeschule oder einem Tierarzt für Verhaltenstherapie? Dann werden Sie hier sicher fündig!

Zum Weiterlesen

- Del Amo, Celina; Kothe, Dieter: *Hundeschule. Step by Step zum folgsamen Familienhund.* Verlag Eugen Ulmer, Stuttgart 2007
- Mahnke, Karina: *Grundschule für Hunde. Sitz, Platz, Komm.* Verlag Eugen Ulmer, Stuttgart 2008
- Pryor, Karen: *Positiv bestärken, sanft erziehen.* Kosmos Verlag, Stuttgart 2006
- Voigt, Katrin: *Jeder Hund kann stubenrein werden.* Verlag Eugen Ulmer, Stuttgart 2013
- Voigt, Katrin: *Jeder Hund kann an lockerer Leine gehen.* Verlag Eugen Ulmer, Stuttgart 2013
- Voigt, Katrin: *Jeder Hund kann freudig zurückkommen.* Verlag Eugen Ulmer, Stuttgart 2013
- Voigt, Katrin: *Jeder Hund kann alleine bleiben.* Verlag Eugen Ulmer, Stuttgart 2013
- Voigt, Katrin: *Jeder Hund kann mutig werden.* Verlag Eugen Ulmer, Stuttgart 2014

Zum Weiterlernen

- **Berufsverband der Hundeerzieher und Verhaltensberater (BHV)**
  www.hundeschulen.de
  Suchen Sie eine gute Hundeschule, sind Sie hier an der richtigen Stelle. Der BHV hat in Kooperation mit der IHK Potsdam den Zertifikatslehrgang Hundeerzieher und Verhaltensberater IHK/BHV ins Leben gerufen. Mitglieder des BHV, die dieses Zertifikat besitzen, arbeiten nach dem neuesten Stand der Forschung und bilden sich regelmäßig fort.
- **Gesellschaft für Tierverhaltenstherapie**
  www.gtvmt.de
  Auf der Überweisungsliste der Homepage finden Sie Tierärzte, die sich auf Verhaltenstherapie spezialisiert haben und die sich auf diesem Gebiet regelmäßig weiterbilden.
- **Homepage der Autorin**
  www.hundezentrum-rhein-main.com
  Im Hundezentrum Rhein-Main finden Sie neben der Tierarztpraxis für Verhaltenstherapie auch eine Hundeschule und -pension.

Bildnachweis

Alle Fotos im Innenteil und auf dem Umschlag stammen von Silke Klewitz-Seemann.

Dank

An erster Stelle möchte ich mich bei meiner Familie und meinem Partner Rainer Schröder bedanken, die mich bei all meinen Projekten unermüdlich unterstützen.
Ein großer Dank geht an meine Kunden und die zahlreichen Hunde, die mir im Laufe meines Hundetrainerdaseins über den Weg gelaufen sind. Ohne sie hätte ich bestimmt die eine oder andere Übung nicht ausprobiert. Es gibt immer viele Möglichkeiten, die einen zum Ziel bringen. Mit jedem Hund lernt man immer mindestens eine neue Möglichkeit dazu!
Als letztes danke ich ganz herzlich den Hundemodels Kessy, Chuck, Mara, Jule, Jeeny, Francis, Sammy und ihren Besitzern für die tolle Mitarbeit, die das Gelingen der Fotos erst möglich gemacht hat. Ihr habt viel Zeit und Geduld aufgebracht!

Über die Autorin

Dr. Katrin Voigt ist Tierärztin mit der Zusatzbezeichnung Verhaltenstherapie. Sie leitet das Hundezentrum Rhein-Mein mit der dort eingerichteten Hundeschule, einer Hundepension und der hauseigenen Tierarztpraxis für Verhaltenstherapie (*www.hundezentrum-rhein-main.de*).

Impressum

Die in diesem Buch enthaltenen Empfehlungen und Angaben sind von der Autorin mit größter Sorgfalt zusammengestellt und geprüft worden. Eine Garantie für die Richtigkeit der Angaben kann jedoch nicht gegeben werden. Autorin und Verlag übernehmen keinerlei Haftung für Schäden und Unfälle. Der Leser sollte bei der Anwendung der in diesem Buch enthaltenen Empfehlungen sein persönliches Urteilsvermögen einsetzen.

Hinweis: Der Verlag Eugen Ulmer ist nicht verantwortlich für die Inhalte der im Buch genannten Websites.

Bibliografische Information der Deutschen Nationalbibliothek
Die Deutsche Nationalbibliothek verzeichnet diese Publikation in der Deutschen Nationalbibliografie; detaillierte bibliografische Daten sind im Internet über *http://dnb.d-nb.de* abrufbar.

Wollgrasweg 41, 70599 Stuttgart (Hohenheim)
E-Mail: info@ulmer.de
Internet: www.ulmer.de

Lektorat: Dr. Marion Steinbach, Kathrin Gutmann
Herstellung: Ulla Stammel
Umschlagentwurf und Layout: Sojus Design / Kai Twelbeck, Stuttgart
Reproduktionen: timeRay, Herrenberg
Druck und Bindung: Livonia Print, Riga
Printed in Latvia

ISBN 978-3-8001-8291-6